FORSCHUNGSBERICHTE DES LANDES NORDRHEIN-WESTFALEN

Nr. 2393

Herausgegeben im Auftrage des Ministerpräsidenten Heinz Kühn
vom Minister für Wissenschaft und Forschung Johannes Rau

Prof. Dr. Almuth Klemer
Dr. Eva Buhe
Dipl.-Chem. Friedhelm Gundlach
Dipl.-Chem. Gerhard Uhlemann

Organisch-Chemisches Institut
der Universität Münster

Synthesen und Abbau
von Oligosacchariden

Westdeutscher Verlag 1974

ISBN-13: 978-3-531-02393-9   e-ISBN-13: 978-3-322-88066-6
DOI: 10.1007/978-3-322-88066-6

<u>Inhalt</u>

A. Einleitung

Der vorliegende Forschungsbericht schließt an den Bericht "Synthese und Abbau von Oligosacchariden mit verzweigten Ketten" (1) an.

Wie dort (S. 15) ausgeführt, wurde die Synthese von 2.3-Bis-[β-D-glucosido $\langle 1.5 \rangle$]-D-glucose ausgehend von β-Benzyl-4.6-benzal-D.glucosid durch Umsatz mit 2 Mol α-Aceto-brom-D-glucose unter den Bedingungen der Koenigs-Knorr-Reaktion versucht. Obwohl die alkoholische Komponente am C_2 und C_3 je eine freie Hydroxylkomponente enthält, entstand statt der erwarteten 2.3-Bis-[β-D-glucosido $\langle 1.5 \rangle$]-D-glucose das 3.6-verknüpfte Trisaccharid. Dies ergab sich eindeutig aus der Methylierung des Trisaccharides und der Hydrolyse seines Undeca-O-methyläthers zu 2.4-Dimethyl-D-glucose und 2 Mol 2.3.4.6-Tetra-O-methyl-D-glucose.

Modifizierung dieser Synthese und Identifizierung der als Nebenprodukte gebildeten Disaccharide führten zur Aufklärung dieser unerwarteten Reaktion. Insgesamt zeigten die Untersuchungen, daß die 4.6-Benzylidengruppierung am C_6-Sauerstoff unter Bildung einer C_6-glucosidischen Bindung durch α-Acetobrom-D-glucose geöffnet wird. 4.6-Benzal-Reste sind demgemäß als Schutzgruppen für gezielte Synthesen 2.3-verknüpfter Trisaccharide ungeeignet.

B. Hauptteil

I. Synthese von 2.3-Bis-[β-D-glucosido $\langle 1.5 \rangle$]-D-glucose

In Fortführung dieser Arbeiten planten wir die Synthese der 2.3-Bis-[β-D-glucosido $\langle 1.5 \rangle$]-D-glucose ausgehend von einem C_2- und C_3-freien Glucose-Derivat mit stabilen Schutzgruppen. Hierfür schienen uns die Benzyläther-Reste geeignet zu sein, da sie sich sehr milde (durch Hydrierung) nach erfolgter Synthese wieder entfernen lassen. Von Nachteil ist, daß sie auf Grund ihrer räumlichen Beanspruchung zur sterischen Hinderung bei Oligosaccharidsynthesen führen können (2).

Am Modell läßt sich jedoch abschätzen, daß die Benzylreste am C_1, C_4 und C_6 die Glucosidbildung am C_2 und C_3 nicht merklich behindern werden, wenn die energiearmen und bevorzugten C_1-Konformationen zugrunde gelegt werden (Abb. 1). Zur Darstellung von β-Benzyl-4.6-di-O-benzyl-D-glucosid gingen wir von dem bekannten (3) β-Benzyl-4.6-benzal-D-glucosid (I) aus, welches mit Acetanhydrid in Pyridin in das β-Benzyl-4.6-benzal-2.3-di-O-acetyl-D-glucosid (II) übergeführt wurde. Die selektive Abspaltung der Benzalgruppe zu III gelang mit 2 N H_2SO_4 und die Verätherung der freigelegten Hydroxylgruppen zu IV mit Benzylbromid in Gegenwart von Silberoxid nach einer von uns gefundenen Methode (4). Die anschließende Zemplèn-Verseifung lieferte β-Benzyl-4.6-di-O-benzyl-D-glucosid (V) (Abb. 2).

Die Umsetzung von V mit 2 Mol α-Aceto-brom-D-glucose (VI) erfolgte in Gegenwart von Drierite nach der Koenigs-Knorr-Methode, wobei, wie zu erwarten, neben dem gewünschten Trisaccharid-Derivat auch die betreffenden Benzylacetyl-Derivate von 2- bzw. 3-β-D-Glucosido-D-glucose und Glucose auftraten. Ohne weitere Versuche zur Reinigung oder Isolierung der Reaktionsprodukte wurde das komplexe Reaktionsgemisch durch Hydrierung debenzyliert und die Acetylgruppen nach Zemplèn verseift. Es resultierte das Gemisch der freien Zucker, welches sich durch präparative Chromatographie an Cellulosepulver auftrennen ließ. Auf diese Weise wurde 2.3-Bis-[β-D-glucosido $\langle 1.5 \rangle$]-D-glucose (VII) sowie die beiden Nebenprodukte 2-β-D-Glucosido-D-glucose (VIII) und 3-β-D-Glucosido-D-glucose (IX) in reiner Form erhalten (Abb. 3).

Die Struktur von 2.3-Bis-[β-D-glucosido $\langle 1.5 \rangle$]-D-glucose (VII) ergibt sich aus den Befunden der partiellen Hydrolyse, die außerordentlich leicht erfolgt. Neben unverändertem VII wurden nur die beiden möglichen Disaccharide VIII und IX sowie Glucose erhalten, die durch Chromatographie und Vergleich mit authentischem Material identifiziert wurde (Abb. 4).

Bei Versuchen, das Trisaccharid VII in sein Undeca-acetat zu überführen, erwies es sich als ausgesprochen instabil. Schon unter den Bedingungen der Einwirkung von Pyridin/Acetanhydrid oder Na-Acetat/Acetanhydrid trat teilweise Spaltung in Tetra-O-acetyl-D-glucose und Disaccharid-Acetate ein.

Beschreibung der Versuche

β-Benzyl-2.3-di-O-acetyl-4.6-benzal-D-glucosid (II): 37 g (0.1 Mol) β-Benzyl-4.6-benzal-D-glucosid (I) [l.c.3] werden in 130 ml auf 0° gekühltem absolutem Pyridin zum größten Teil gelöst. Nach Zugabe von 150 ml - gleichfalls auf 0° gekühltem - Essigsäureanhydrid wird die eingesetzte Substanz vollständig gelöst. Nach ca. 20 Min. beginnt aus der gelblichen Reaktionslösung ein weißes Produkt auszukristallisieren, dessen Menge während der anschließenden zweistündigen Aufbewahrungszeit bei 0° rasch zunimmt. Nach weiterem 25-stündigem Stehenlassen bei Raumtemperatur wird vom Niederschlag abgesaugt.

Das Produkt wird zur Entfernung anhaftenden Pyridins und Essigsäureanhydrids fünfmal in je 500 ml eiskaltem Wasser eingetragen, gerührt und abgesaugt. Das weiße kristalline Produkt wird im Exsikkator über Phosphorpentoxid getrocknet.
Schmp.: 204° - 206°
Ausb. : 35 g (79,6 % d.Th.)

β-Benzyl-2.3-di-O-acetyl-D-glucosid (III): β-Benzyl-2.3-di-O-acetyl-4.6-benzal-D-glucosid (II) wird in zwei Ansätzen zu je 17.5 g in 300 ml Chloroform gelöst und mit 900 ml Aceton versetzt. Anschließend werden 18 ml ca. 2 N Schwefelsäure zugefügt und 24 bis 30 Std. bei 30° stehengelassen. Die saure Reaktionslösung wird mit Ammoniak neutralisiert. Vom ausgefällten Ammoniumsulfat wird abgesaugt, und das Filtrat bei 35° Badtemperatur im Vakuum bis zur Trockne eingedampft. Zur Entfernung des freigesetzten Benzaldehyds wird eine Vakuumwasserdampfdestillation durchgeführt. Der Kristallbrei wird dann in 100 ml warmem Methanol (45°)

im Kühlschrank läßt man ihn durchkristallisieren. Das Produkt
kann aus Methanol umkristallisiert werden.

Schmp.: 112° - 114°
Ausb. : 22 g (79 % d.Th.)

β-Benzyl-2.3-di-O-acetyl-4.6-dibenzyl-D-glucosid (IV): Jc 11 g
β-Benzyl-2.3-di-O-acetyl-D-glucosid (III) werden in einem braunen Kolben in 45 ml absolutem alkoholfreiem Chloroform gelöst
und unter Kühlen und Rühren mit 35 ml Benzylbromid und portions-
weise mit 35 g absolut trockenem Silberoxid versetzt. Anschließend wird die Mischung 24 Std. auf der Maschine geschüttelt,
nochmals mit 35 ml Benzylbromid und 35 g Silberoxid versetzt und
wieder 24 Std. lang geschüttelt. Nun wird abgesaugt, mit Chloroform gewaschen und zur Entfernung des überschüssigen Benzylbro-
mids eine Wasserdampfdestillation durchgeführt. Hierbei muß mehrmals, besonders zu Anfang, der P_H-Wert geprüft werden und ge-
gebenenfalls mit Natriumacetat auf P_H6-7 gebracht werden. Nach
dem Abkühlen wird die wässrige Mischung mit Chloroform ausgeschüttelt, und die Chloroform-Phase mit Natriumsulfat getrocknet
und im Vakuum bei 30° Badtemperatur zur Trockne eingeengt. Der
Sirup wird mit etwas Methanol aufgenommen, und man läßt ihn im
Kühlschrank durchkristallisieren.

Schmp.: 99° - 100°
Ausb. : 15 g (45 % d.Th.)

Das IR-Spektrum zeigt keine OH-Bande (Abb. 5).

β-Benzyl-4.6-dibenzyl-D-glucosid (V): Zu 15 g im Vakuum über
P_2O_5 bei 40° getrocknetem β-Benzyl-2.3-di-O-acetyl-4.6-dibenzyl-
D-glucosid (IV) werden 80 ml absolutes Methanol und 30 ml 0.1
N Natriummethylat-Lösung gegeben.

Nach 24-stündigem Schütteln wird die Lösung mit einigen Tropfen
Eisessig/Methanol 1:10 neutralisiert und im Vakuum bei 30° bis
35° Badtemperatur zum Sirup abgedampft.

Ausb.: 12,5 g (98 % d.Th.)

2.3-Bis-[β-D-glucosido $\langle$1.5$\rangle$]-D-glucose (VII):

1. Kondensation von β-Benzyl-4.6-dibenzyl-D-glucosid (V) mit
α-Aceto-brom-D-glucose (VI): In einem braunen Kolben werden 4.5 g
(0.01 Mol) β-Benzyl-4.6-dibenzyl-D-glucosid (V) in 45 ccm absolutem alkoholfreiem Chloroform gelöst. Nach Zugabe von 12 g
Silberoxid (5) und 24 g wasserfreiem Calciumsulfat wird eine
Lösung von 12 g (0.03 Mol) α-Aceto-brom-D-glucose in 30 ccm absolutem Chloroform innerhalb von drei Stunden unter Rühren und
völligem Feuchtigkeitsausschluß zugetropft.

Zur Vervollständigung der Reaktion wird die Mischung anschließend
noch vier Tage auf der Maschine geschüttelt. Nach Verdünnen des
Reaktionsgemisches mit ca. 40 ml Chloroform wird von den anorganischen Salzen abgesaugt und diese gut mit Chloroform gewaschen.
Die Chloroformlösung wird mit einer wässrigen Natriumhydrogen-
carbonatlösung und anschließend mit Wasser gewaschen. Nach dem
Trocknen mit Natriumsulfat wird im Vakuum bei 35° Badtemperatur
zum Sirup eingedampft. Diesen löst man zur weitgehenden Entfernung von 2.3.4.6-Tetra-O-acetyl-D-glucose in der Wärme in 100 ml
Äthanol und läßt ihn in 1 l Wasser von ca. 20° eintropfen. Der

ausfallende Sirup wird abgetrennt und im Exsikkator getrocknet.
Ausb.: 6,5 g

2. Die hydrierende Abspaltung der Benzylgruppen: Aus 500 mg $PdCl_2$ in Methanol/Essigester 1:1 wird in einem Erlenmeyerkolben - mit einem Magnetrührer gerührt - durch Einleiten von H_2 Pd-Mohr dargestellt. Nach Entfernung der gebildeten Salzsäure durch mehrmaliges Dekantieren mit Methanol wird die Lösung des Zuckers in Methanol/Essigester 1:1 zu dem Katalysator gegeben. Die Wasserstoffaufnahme ist in 5 bis 6 <u>Std.</u> beendet. Die Lösung wird vom Katalysator dekantiert und im Vakuum bei 35° Badtemperatur zum Sirup eingedampft.

Ausb.: 3,9 g

3. Die Verseifung der Acetylgruppen: Der über P_2O_5 getrocknete teilweise kristalline Sirup wird in einem Gemisch aus 20 ml absolutem Methanol und 8 ml 0.1 N Natriummethylatlösung suspendiert und durch 24-stündiges Schütteln entacetyliert. Die Suspension wird mit Essigsäure neutralisiert und zum Sirup eingedampft.

Ausb.: 2,8 g

Eine Probe wird papierchromatographisch untersucht (Whatman I, n-Butanol/Pyridin/Wasser 3:1:1, absteigend, 80 <u>Std.</u>, entwickelt mit Anilinphthalat). Es werden vier Flecken gefunden, die an Hand von Vergleichssubstanzen der Glucose, 3-β-D-Glucosido-D-glucose, 2-β-D-Glucosido-D-glucose und einem Trisaccharid zuzuordnen sind.

4. Isolierung des Trisaccharids: Das Gemisch der freien Zucker wird mit 3 bis 4 Spatelspitzen Cellulosepulver (Schleicher und Schüll Nr. 123) verrührt, gemörsert und auf eine Cellulosesäule (Länge 65 cm, Ø 3,5 cm) gebracht. Darauf wird noch eine dünne Schicht Cellulosepulver gegeben. Es wird nun nach der Durchlaufmethode mit n-Butanol/Pyridin/Wasser (4:1:1) chromatographiert. Die ablaufende Flüssigkeit wird mit Hilfe eines automatischen Fraktionssammlers in 15 ccm Fraktionen aufgefangen, die an Hand von Durchlaufchromatogrammen (Whatman I, n-Butanol/Pyridin/Wasser (3:1:1) absteigend, drei Tage, entwickelt mit Anilinphthalat) ausgetestet werden.

Ergebnis der Säulentrennung:

	Substanz	Fraktion	Auswaage	
1.	Glucose	61 - 120	2.1 g	
2.	3-β-D-Glucosido-D-glucose	136 - 155	0.0981 g	2.86 %
3.	2-β-D-Glucosido-D-glucose	170 - 223	0.3284 g	9.8 %
4.	Trehalose	231 - 279	0.014 g	0.4 %
5.	Trisaccharid (VII)	292 - 333	0.0741 g	1.47 %

Die in der Tabelle angeführten Fraktionen werden im Vakuum bei
1 Torr und ca. 30° Badtemperatur eingedampft und nochmals mit
einem Durchlaufchromatogramm auf Reinheit geprüft.

VII $C_{18}H_{32}O_{16}$ (504.4) Ber. 42.86 % C 6.39 H
                                    Gef. 43.04 % C 7.61 H

Partielle Hydrolyse des Trisaccharids VII: 2.6 mg 2.3-Bis-[β-D-
glucosido $\langle 1.5 \rangle$]-D glucose $\langle 1.5 \rangle$ (VII) werden in 0.5 ml 0.05 N
Schwefelsäure 1 1/2 <u>Std.</u> auf 100° erhitzt. Es wird mit Bariumcarbonat neutralisiert und das Filtrat papierchromatographisch untersucht (Whatman I, n-Butanol/Pyridin/Wasser (3:1:1), absteigend, Laufzeit drei Tage, entwickelt mit Anilinphthalat).

Es werden gefunden: D-Glucose, das unveränderte Trisaccharid
sowie 3-Glucosido-D-glucose und 2-Glucosido-D-glucose.

II. Synthese eines verzweigten Tetrasaccharides:
6.6´-Bis-[β-D-glucosido $\langle 1.5 \rangle$]-D-maltose

Wir haben ferner im Rahmen dieses Forschungsvorhabens Synthesen
verzweigter Tetrasaccharide durchgeführt, die bis dahin unbe-
kannt waren. Hierfür wählten wir als erstes Beispiel ein Tetrasaccharid mit einer 1.4- und zwei 1.6-Bindungen, die dieser Typ
dem Amylopektin nahesteht. Zudem konnten wir dabei auf Erfahrun-
gen, die wir bei der Synthese des verzweigten Trisaccharides
4-α-6-β-Bis-D-glucosido-glucose [l.c.3)] gesammelt hatten, aufbauen.
Ausgangspunkt war das β-Benzyl-maltosid, welches sich glatt zum
6.6´-Dityläther umsetzen ließ. Ohne Isolierung wurde dieser
in der üblichen Weise in 6.6´-Ditrityl-2.3.2´.3´.4-pentaacetyl-
β-benzyl-maltosid (I) übergeführt. Mit Eisessig/Bromwasserstoff
wurden die Tritylreste entfernt, und wir erhielten 2.3.2´.3´.4´-
Pentaacetyl-β-benzyl-maltosid (II).

II hat in den gewünschten Positionen freie Hydroxylgruppen, die
nach Koenigs und Knorr mit einem Überschuß an α-Acetobrom-D-glu-
cose kondensiert wurden (vgl. (6)). Es resultierte das β-Benzyl-
tetrasaccharid-acetat neben den zu erwartenden Nebenprodukten.
2.3.4.6-Tetraacetyl-D-glucose ließ sich mit wässrigem Äthanol
weitgehend entfernen. Ohne weitere Reinigung wurde nun zur Entfernung des Benzylrestes hydriert und die Acetylgruppen nach
Zemplén verseift. Man erhielt das freie Tetrasaccharid (III) neben wenig D-Glucose und Maltose, sowie 2 Trisacchariden, die
durch die Reaktion von II mit nur 1 Mol α-Acetobrom-D-glucose
entstanden waren (7). Die chromatographische Trennung an Cellulosepulver lieferte III in chromatographisch und analysenreiner
Form. Zur Charakterisierung überführten wir III in sein Acetat
(IIIa), dessen Molekulargewicht (nach Beckman) und analytische
Zusammensetzung einem Tetrasaccharid entsprachen.

Synthese eines verzweigten Tetrasaccharides:
6.6´-Bis-[β-D-glucosido $\langle 1.5 \rangle$]-D-maltose (Abb. 6)

Da eine Acetylwanderung in II unter den Bedingungen der Kondensation nicht völlig ausgeschlossen ist und zudem III und IIIa
nicht kristallin erhalten werden konnten, wurde die Einheitlichkeit und die Struktur von III durch Methylierung, anschließende
Hydrolyse und sorgfältige Identifizierung der entstandenen Spalt-
produkte bewiesen. Wir erhielten den Methyläther IIIb, in dem

durch das IR-Spektrum keine Hydroxylbande nachgewiesen werden
konnte.

Seine Hydrolyse führte in Übereinstimmung mit der Struktur nur
zur 2.3.4.6-Tetra-methyl-D-glucose, 2.3.4-Trimethyl-D-glucose
und 2.3-Dimethyl-D-glucose, die an Cellulosepulver getrennt wurden. Die 2.3.4.6-Tetramethyl-D-glucose wurde durch ihr Anilid
charakterisiert. Die 2.3.4-Trimethyl-D-glucose ließ sich zu ih-
rem sehr gut kristallisierenden N-Benzyl-N-D-glucosid umsetzen
(8). Sein Schmelz- und Misch-Schmelzpunkt stimmt mit dem N-Glu-
cosid einer auf anderem Wege dargestellten 2.3.4-Trimethyl-D-
glucose überein.

Die 2.3-Dimethyl-D-glucose wurde in Substanz durch Schmelz- und
Misch-Schmelzpunkt mit authentischem Material und durch die op-
tische Drehung identifiziert.

Ausgehend von I haben wir ferner die von Bredereck (9) gefundene
Modifizierung zur Synthese C-6-verknüpfter Disaccharide angewen-
det. Die direkte Kondensation von I mit α-Acetobrom-D-glucose
unter Mitwirkung von Silberperchlorat ließ sich bequem durchfüh-
ren. Die weitere Aufarbeitung wurde, wie oben beschrieben, vorgenommen und III in reiner Form erhalten.

Beschreibung der Versuche

6.6′-Ditrityl-2.3.2′.3′.4′-pentaacetyl-β-benzyl-maltosid (I):
10 g im Vakuum getrocknetes β-Benzyl-maltosid werden in 60 ccm
absolutem Pyridin gelöst, mit 15.5 g (20-proz. Überschuß) Tritylchlorid versetzt und unter Feuchtigkeitsausschluß 8 <u>Std.</u> bei 90
bis 100° gehalten. Man läßt auf 0° abkühlen, gibt ein gekühltes
Gemisch aus 50 ccm Acetanhydrid und 40 ccm absolutem Pyridin
hinzu und läßt 2 <u>Std.</u> bei 0° und 35 <u>Std.</u> bei Raumtemperatur stehen. Aufarbeitung: Die gelbrote Lösung wird unter kräftigem Rühren in 2 l Eiswasser getropft. Nach 3-stündigem Rühren wird das
Rohprodukt scharf abgesaugt, in 30 Tln. Pyridin gelöst und durch
erneutes Fällen mit der 15-fachen Menge Eiswasser gereinigt.
Rohausb. 23.9 g (92 % d.Th.). Man löst das Produkt in der 5-fa-
chen Menge heißem Äthanol: beim Abkühlen auf 0° erhält man I in
amorpher Form, das zur Weiterverarbeitung genügend rein ist.
Nochmaliges Umfällen liefert die analysenreine Substanz.

Ausb.: 18.4 g (70.8 % d.Th.)

$[\alpha]_D^{20}$: 39° (Chlf.; c = 1).

$C_{67}H_{66}O_{16}$ (1127.2) Ber. C 71.35 H 5.90
                              Gef. C 71.38 H 5.88

I ist leichtlöslich in Chloroform, Benzol und Pyridin, ziemlich
gut löslich in Äther und schwerlöslich in Äthanol.

2.3.2′.3′.4′-Pentaacetyl-β-benzyl-maltosid (II): 18 g I werden
in 70 ccm Eisessig gelöst und unter Eiskühlung mit 10.7 ccm
(10-proz. Überschuß) einer bei 0° gesättigten Lösung von Brom-
wasserstoff in Eisessig versetzt. Es scheidet sich nach einigen
Sek. Tritylbromid aus, von dem rasch abgesaugt wird. Man tropft
das Filtrat in 200 ccm Chloroform von 0° und schüttelt ca. 5 mal
mit je 70 ccm Eiswasser aus, trocknet mit Natriumsulfat und dampft
im Vakuum bei max. 35° Badtemperatur ein. Der zurückbleibende
Sirup kristallisiert beim Verreiben mit Äther. Das Rohprodukt
wird in 10 Tln. Chloroform gelöst und durch vorsichtige Zugabe

des doppelten Volumens an absolutem Äther in reiner Form erhalten. Ausb. 7.5 g (75 % d.Th.), Schmp. ca. 167°. Das Produkt ist zur Weiterverarbeitung genügend rein. Zur Analyse ist mehrmals aus Äthanol umzukristallisieren.

Ausb.: 4.9 g (49.3 % d.Th.)
Schmp.: 174 - 175°
$[\alpha]_D^{20}$ ß + 26° (Chlf.; c = 1).
$C_{29}H_{38}O_{16}$ (642.6) Ber. C 54.20 H 5.96
                             Gef. C 54.10 H 5.77

II ist leichtlöslich in Chloroform und Benzol, weniger gut löslich in Alkoholen und schwerlöslich in Äther und Petroläther.

6.6´-Ditrityl-2.3.2´.3´.4´-pentaacetyl-β-benzyl-maltosid (I) aus II: 250 mg II werden in 1.0 ccm absolutem Pyridin mit 260 mg Tritylchlorid 8 Std. bei 90 bis 100° umgesetzt, nach dem Abkühlen in Eiswasser getropft und unter häufigem Umrühren 3 Std. stehengelassen. Die weitere Aufarbeitung erfolgte wie bei I beschrieben.

Ausb.: 235 mg (53.4 % d.Th.)
$[\alpha]_D^{20}$: + 40° (Chlf.; c = 1).

6.6´-Bis-[β-D-glucosido ⟨1.5⟩]-maltose (III)

1. Die Kondensation von 2.3.2´.3´.4´-Pentaacetyl-β-benzyl-maltosid (II) mit α-Acetonbrom-D-glucose: In einer braunen Schliffflasche werden 4.5 g II (i. Vak. bei 56° über Phosphorpentoxyd getrocknet) in 20 ccm absolutem Chloroform gelöst. Nach Zugabe von 11 g Silberoxyd, 23 g wasserfreiem Calciumsulfat und einigen Glasperlen wird 3 Std. auf der Maschine geschüttelt. Sodann werden 900 mg Jod und 7.2 g α-Acetonbrom-D-glucose in 10 ccm absolutem Chloroform in drei Anteilen innerhalb von 24 <u>Std.</u> hinzugefügt. Nach zweitägigem Schütteln ist die Lösung bromfrei. Es wird von den anorganischen Salzen abgesaugt, die mehrmals mit Chloroform gewaschen werden. Die vereinigten Filtrate werden je 1 mal mit Natriumhydrogencarbonat-Lösung und dest. Wasser im Scheidetrichter ausgeschüttelt, mit Natriumsulfat getrocknet, das Filtrat im Vakuum bei 30 bis 35° Badtemperatur eingedampft und der erhaltene Sirup in 50 ccm Äthanol in der Wärme gelöst. Man läßt abkühlen und rührt diese Lösung zur Reinigung tropfenweise in die 15-fache Menge Wasser ein. Die entstandenen Oligosaccharid-Derivate fallen aus, während Tetraacetyl-D-glucose weitgehend in Lösung bleibt. Der Niederschlag wird abgesaugt, getrocknet und die obige Reinigungsoperation wiederholt. Das Produkt wird im Exsikkator über Phosphorpentoxyd getrocknet.

Ausb.: 7.5 g

2. Die hydrierende Abspaltung der Benzylgruppe: In einer Hydrierbirne wird aus 400 mg $PdCl_2$ Pd-Mohr hergestellt (1), die Lösung von 7.5 g Kondensationsprodukt in 150 ccm Methanol/Essigester (1:1) hinzugefügt und hydriert. Die Wasserstoffaufnahme ist im Durchschnitt nach 8 <u>Std.</u> beendet. Die Lösung wird dekantiert, der Katalysator mit Methanol gewaschen und die vereinigten Lösungen im Vakuum eingedampft.

Ausb.: 5.1 g Sirup.

3. Die Abspaltung der Acetylgruppen: 5.1 g trockener Sirup werden
in 21 ccm absolutem Methanol gelöst und mit 7.5 ccm N/10 Natriummethylat versetzt. Während der Verseifung fallen die freien Zucker
zum Teil aus. Die Suspension wird 20 Std. bei Raumtemperatur belassen. Man engt im Vakuum auf das halbe Volumen ein und vervoll-
ständigt die Fällung der freien Zucker durch Zugabe von Essigester. Der Niederschlag wird abgesaugt und im Exsikkator getrocknet.

Ausb. 3.2 g

4. Die säulenchromatographische Trennung der freien Zucker:
3.2 g des Gemisches werden in wenig Wasser gelöst und mit etwas
Cellulosepulver angeteigt, im Exsikkator getrocknet und anschließend gepulvert. Ein Chromatographie-Rohr (∅ 2.8 cm) wird 40 cm
hoch mit Cellulosepulver (Schleicher u. Schüll Nr. 123) gleichmäßig und fest gefüllt (10). Nach dem Vorwaschen der Säule mit
80 ccm eines Gemisches aus n-Butanol/Dimethylformamid/Wasser
(3:1:1) wird bei einem Flüssigkeitsstand von ca. 5 mm Höhe über
dem oberen Rand des Füllmaterials das Gemisch aus Substanz und
Cellulosepulver gleichmäßig als Schicht (Höhe ca. 1.5 cm) aufgetragen. Darauf gibt man eine dünne Schicht von gereinigtem Cellulosepulver und etwas Watte. Entwickelt wird mit dem gleichen
Lösungsmittelgemisch, nach der Durchlaufmethode mit Hilfe eines
Fraktionssammlers. Nach einem Durchlauf von ca. 1.1 l Lösung
erscheint III, schwach verunreinigt durch Trisaccharide. Nun
wird in 12-ccm-Fraktionen aufgefangen und der Beginn der reinen
Tetrasaccharid -Fraktion (im Durchschnitt nach 8 - 12 Röhrchen)
auf papierchromatographischem Wege ermittelt (Whatman I, aufsteigend, n-Butanol/Dimethylformamid/Wasser (2:1:1); Reagenz:
Silbernitrat/Ammoniak). Da die Säule jetzt nur noch das reine
Tetrasaccharid enthält, kann der Fraktomat außer Betrieb gesetzt
und die Säule eluiert werden.

Die Tetrasaccharid-Fraktion wird zuerst im Vakuum bei 14 Torr
und schließlich zur Beseitigung der letzten Anteile Lösungsmittelgemisch im Vakuum bei 0.1 Torr bei 30 bis 40° Badtemperatur eingedampft. Der anfallende Sirup wird in absolutem Methanol aufgenommen und mit absolutem Äther III in amorpher Form gefällt.

Ausb.: 284 mg (ca. 6 % d.Th.)
$[\alpha]_D^{20}$: + 40° (Wasser, c = 0.99).
$C_{24}H_{42}O_{21}$ (666.6) Ber. C 43.24 H 6.35
                  Gef. C 43.44 H 6.09

6.6´-Bis-[β-D-glucosido ⟨1.5⟩]-maltose (III) aus I mit α-Aceto-
brom-D-glucose und Silberperchlorat: 5 g I werden mit 1.86 g Silberperchlorat und 3.65 g α-Acetobrom-D-glucose in 30 ccm Nitromethan
umgesetzt und aufgearbeitet [1.c.9)]. Die Hydrierung, Abspaltung
der Acetylgruppen und Isolierung von III wird, wie vorher beschrieben, vorgenommen.

Ausb.: 148 mg (ca. 5 % d.Th.)
$[\alpha]_D^{20}$: + 40° (Wasser; c = 1).

6.6´-Bis-[tetraacetyl-β-D-glucosido ⟨1.5⟩]-hexaacetyl-maltose
(IIIa): 200 mg III, 120 mg wasserfreies Natriumacetat und 1.2 ccm
Acetanhydrid werden im Glyerinbad unter Feuchtigkeitsausschluß
und häufigem Umschütteln im Verlaufe 1 Std. auf 100° erhitzt. Die
Badtemperatur wird 2 <u>Std.</u> auf 100°, dann 20 Min. auf 120° gehal-
ten. Das abgekühlte Reaktionsgemisch wird in 60 ccm Eiswasser

eingetropft, das im Verlaufe der folgenden 6 <u>Std.</u> durch Zugabe
von etwas Natriumhydrogencarbonat neutralisiert wird. Der zuerst
ausgefallene Sirup wird unter Reiben mit einem Glasstab nach
einigen Stunden fest. Nach 12 <u>Std.</u> wird abgesaugt und getrocknet. Das Produkt wird in wenig warmem Äthanol gelöst und durch
Eintropfen in die 10-fache Menge Wasser ausgefällt. Nach dem Absaugen und Trocknen wird diese Reinigungsoperation wiederholt.

Ausb.: 284 mg (ca. 76 % d.Th.)

$[\alpha]_D^{20}$: + 32° (Chlf., c = 1.08)

$C_{52}H_{70}O_{35}$ (1255.1) Ber. C 49.76 H 5.62
                              Gef. C 49.32 H 5.65

Die Mol.-Gew.-Bestimmung nach Beckman liefert für das amorphe
Acetat folgende Werte: 1270, 1332, 1305.

6.6´-Bis-[tetramethyl-β-D-glucosido $\langle 1.5 \rangle$]-pentamethyl-methyl-
maltosid (IIIb): 665 mg III werden in 22 ccm Wasser gelöst und
bei O bis 5° mit 4.4 ccm Dimethylsulfat und 22 ccm 50-proz.
Kalilauge, bei Raumtemperatur mit 26 ccm Dimethylsulfat und 131
ccm 50-proz. Kalilauge und bei 50 bis 60° mit 26 ccm Dimethylsulfat und 131 ccm 40-proz. Kalilauge, wie in [l.c.10)] S. 11 ge-
nau beschrieben, methyliert und aufgearbeitet. Die zweite und
dritte Methylierung wird nach Kuhn und Mitarbeiter (11) in
12 ccm absolutem Dimethylformamid und 3 ccm Methyljodid und 3 g
Silberoxyd durchgeführt.

Ausb. 566 mg (65 % d.Th.) permethyliertes Tetrasaccharid, in dem
durch das IR-Spektrum keine OH-Bande mehr nachzuweisen ist. Hydrolyse: 526 mg IIIb erhitzt man mit 70 ccm 1 N H_2SO_4 9 <u>Std.</u> unter Rückfluß auf 100°. Nach dem Abkühlen wird mit Bariumcarbonat
neutralisiert, zentrifugiert, das Bariumsulfat mehrmals mit heißem Wasser ausgewaschen und die Lösung eingedampft. Eine Probe
der Lösung wird papierchromatographisch untersucht (Whatman I,
aufsteigend, n-Butanol/Pyridin/Wasser (3:1:1; Reagenz: Anilinphthalat). Es treten 3 Flecken auf, deren R_F-Wert der 2.3.4.6-
Tetramethyl-D-glucose, der 2.3.4-Trimethyl-D-glucose und der
2.3-Dimethyl-D-glucose entsprechen.

Die Methylglucosen werden an einer Cellulosepulversäule (Ø 2.7 cm;
Höhe 50 cm) mit Ligroin (Sdp. 100 - 120°/n-Butanol/Wasser (60:
38:2) getrennt. Die ablaufende Flüssigkeit wird in ca. 8-ccm-
Fraktionen aufgefangen.

Röhrchen 12 - 33: 216 mg reine Tetramethyl-D-glucose

         34 - 37: Gemisch aus Tetramethyl-D-glucose und
                  Trimethyl-D-glucose

         38 - 51: 131 mg reine Trimethyl-D-glucose

         76 -105: 115 mg reine Dimethyl-D-glucose.

Identifizierung der Methylzucker

1. 2.3.4.6-Tetramethyl-D-glucose-anilid: 210 mg der Tetramethyl-
D-glucose werden in das Anilid (12) übergeführt.

Schmp.: 137°; Misch-Schmp. mit der Vergleichssubstanz 136 - 137°.

2. 2.3.4-Trimethyl-N-benzyl-N-D-glucosid: 130 mg der Trimethyl-
D-glucose werden mit 76 mg Benzylamin unter Feuchtigkeitsausschluß und häufigem Umschütteln 5 bis 10 Min. auf 60 bis 70° er-

hitzt. Das Reaktionsprodukt wird bei 35° im Vakuum 2 Tage über
Schwefelsäure getrocknet, mit absolutem Äthanol aufgenommen, mit
A-Kohle geklärt und im Vakuum auf 1 bis 2 ccm eingeengt. Man läßt
bei 0° kristallisieren und wäscht mit Äther/Petroläther (1:3).
Nochmaliges Umkristallisieren aus wenig Äthanol liefert die ana-
lysenreine Substanz.

Ausb.: 115 mg (63.0 % d.Th.)
Schmp.:107 - 108°
$[\alpha]_D^{20}$: - 21° (Pyridin; c = 1)
$C_{16}H_{25}NO_5$ (311.4) Ber. C 61.70 H 8.08 N 4.50
                            Gef. C 61.33 H 7.94 N 4.66

Eine auf anderem Wege dargestellte 2.3.4-Trimethyl-D-glucose (13)
wird auf die gleiche Weise in das N-Benzyl-N-D-glucosid übergeführt.

Schmp.: 106 - 108°; Misch-Schmp.: 106 - 108°.

3. 2.3-Dimethyl-D-glucose: 115 mg der getrockneten Dimethyl-D-
glucose (Sirup) werden mit absolutem Essigester extrahiert und
im Vakuum auf einige ccm eingeengt. Nach dem Animpfen kristallisiert die 2.3-Dimethyl-D-glucose bei 0° aus. Umkristallisiert
wird aus wenig Essigester.

Schmp.: 108 - 110°
$[\alpha]_D^{20}$: + 49° (nach 3 Std. konstant) (Wasser; c = 1)
Schmp., opt. Drehung und Misch-Schmp. mit authentischem Material
(14) ebenso.

III. Synthese eines verzweigten Tetrasaccharides:
6.6′-Bis-[α-D-glucosido ⟨1.5⟩]-maltose

Im folgenden beschreiben wir die Synthese dieses Tetrasaccharid-
Typs, jedoch mit ausschließlich α-glucosidischen Bindungen. Dazu
haben wir 2-O-Nitro-3.4.6-tri-o-acetyl-β-D-glucopyranosylchlorid
(II) (15) an Stelle von α-Aceto-brom-D-glucose herangezogen.

Wie Wolfrom und Mitarbeiter fanden, übt der Salpetersäure-Rest
am C_2 einen stabilisierenden Einfluß auf die C_1-Halogen-Anordnung
aus. Zudem beteiligt sich diese Esterfunktion nicht an der Sub-
stitutionsreaktion am C_1, so daß Umsetzungen mit geeigneten Hy-
drolysegruppen-tragenden Komponenten unter einfachem Platzwechsel
zu den betreffenden α-Glucosiden führen. Auch Oligosaccharide
(16) lassen sich nach diesem Prinzip aufbauen. Dies wurde ausführlich am Beispiel der Isomaltose [l.c.15)] und Kojibiose (17)
gezeigt. - Die betreffenden β-Isomeren entstanden gar nicht oder
nur in wesentlich geringerer Ausbeute als das gewünschte α-ver-
knüpfte Produkt.

In Anlehnung an dieses Verfahren kondensierten wir β-Benzyl-
2.3.2′.3′.4′-penta-o-acetyl-matosid (I) - es ist über β-Benzyl-
6.6′-ditrityl-maltosid bequem zugänglich (vgl. S. 9) mit der
β-1-Chlorverbindung (II) im Molverhältnis 1:3. Als Lösungsmittel
erwies sich absolutes Benzol als am besten geeignet. Jedoch war
die Umsetzung erst nach 20 Std. beendet. Ohne weitere Reinigung
entfernten wir sodann in einem Arbeitsgang den Salpetersäure-

und Benzyl-Rest durch Hydrierung mit Pd-Mohr und verseiften das
so erhaltene Substanzgemisch nach Zemplén (Abb. 7).

Für die Isolierung von 6.6´-Bis-[α-D-glucosido]-glucose (III) wen-
deten wir die Chromatographie an Cellulosepulver an, die sich
zur Reindarstellung des betreffenden β-verknüpften Tetrasaccharides bewährt hatte. Die erste Trennung lieferte neben D-Glucose
(aus II) und Maltose (aus I) 2 Trisaccharide sowie eine Tetrasaccharid-Fraktion, aus der durch nochmalige Reinigung auf diese
Art III in chromatographisch reiner Form erhalten wurde. Die
Ausbeute beträgt 12.8 % (bezogen auf I) (Abb. 8).

Die Einheitlichkeit des Tetrasaccharides, insbesondere seine
α-glucosidischen Bindungen, haben wir durch die partielle saure
Hydrolyse von III und Isolierung der dabei entstandenen Disaccharide sichergestellt. Wir erhielten außer Maltose nur Isomaltose,
letztere wurde als Oktacetat identifiziert. Gentiobiose ist selbst
in Spuren nicht unter den Hydrolysenprodukten nachzuweisen. Dieses Disaccharid aber hätte im Falle einer Verunreinigung von III
durch das betreffende C_6-β-Isomere auftreten müssen, zumal die

Hydrolysengeschwindigkeit der Gentiobiose kleiner ist als die der
Isomaltose (18).

Beschreibung der Versuche

6.6´-Bis-[α-D-glucosido ⟨1.5⟩]-maltose (III):

1. Die Kondensation von β-Benzyl-2.3.2´.3´.4´-penta-o-acetyl-
maltosid (I) mit 2-O-Nitro-3.4.6-tri-o-acetyl-glucopyranosyl-
chlorid (II): In einem braunen Rundkolben werden 2.1 g I
(vgl. S. 9), 7 g Silbercarbonat, 360 mg Silberperchlorat und
10 g wasserfreies Calciumsulfat in 60 ml absolutem Benzol suspendiert. Hierzu gibt man unter Rühren und bei Raumtemperatur im
Verlauf von 5 Std. 3.7 g II, weitgehend gelöst in 20 ml absolutem
Benzol. Nach weiteren 20 Std. ist die Reaktion beendet. Es ist
kein C_1 mehr nachzuweisen. Man saugt unter Zusatz von Natriumsulfat ab und wäscht den Rückstand mehrmals mit je 30 ml Chlfm.
Die vereinigten Filtrate werden im Vakuum bei 30° Badtemperatu-
ren zum Sirup eingeengt. Zur Reinigung löst man den Sirup in
100 ml Äthanol und läßt in die 15-fache Menge Eiswasser eintropfen, wobei die entstandenen Oligosaccharid-derivate ausfallen.
Nach 2 Std. wird abgesaugt und die Reinigungsoperation wiederholt.
Der Niederschlag wird über P_2O_5 im Vakuum getrocknet.

Ausb.: 4.5 g

2. Hydrierung der Kondensationsprodukte: In einer Hydrierbirne
wird aus 400 mg $PdCl_2$ Pd-Mohr hergestellt [1.c.3)], die Lösung von

4,5 g der erhaltenen Kondensationsprodukte in 200 ml absolutem
Methanol hinzugefügt und bei PH 6-7 hydriert. Sodann wird dekantiert, der Katalysator mit absolutem Methanol gewaschen und die
vereinigten Lösungen im Vakuum eingedampft. Eine vollständige
Entfernung des Salpetersäure- und Benzylrestes wird häufig erst
durch Wiederholung der Hydrierung auf die gleiche Weise erreicht.

Nach dem Verdampfen des Lösungsmittels im Vakuum werden 3.8 g
trockener Sirup erhalten.

3. Abspaltung der Acetylgruppen: 3.8 g Sirup werden in 15 ml absolutem Methanol suspendiert und mit 8 ml n/10 Natriummethylat

verseift. Man läßt 24 <u>Std.</u> stehen, wobei die freien Oligosaccharide zum Teil ausfallen. Es wird mit Eisessig/Methanol (1:10) neutralisiert, die Suspension im Vakuum eingedampft und der Rückstand über P_2O_5 getrocknet.

Ausb.: 2.6 g

4. Die säulenchromatographische Trennung: 2.6 g des Gemisches der freien Zucker werden, wie in l.c.1), S. 6 ausführlich beschrieben, auf die folgende Chromatographiesäule gebracht: Ø 2.7 cm, Höhe 50 cm, 108 g Cellulosepulver Schleicher u. Schüll Nr. 123, Überdruck 125 cm Wassersäule (mit 300 ml des Lösungsittelgemisches n-Butanol/Dimethylformamid/Wasser (3:1:1) war die Säule vorgewaschen). Dann wird mit dem oben genannten Lösungsmittelgemisch eluiert. Die ersten 600 ml des Durchlaufs werden verworfen, dann fängt man die ablaufende Flüssigkeit in 8 bis 10 ml-Fraktionen mittels eines automatischen Fraktionssammlers auf. Die Auswertung erfolgt auf papierchromatographischem Wege, wie in l.c.1) beschrieben.

Fraktionen   1 - 19: D-Glucose und Maltose

        20 - 29: Maltose und Spuren Trisaccharid

        30 - 66: Trisaccharid und Spuren Maltose

        67 -170: Tetrasaccharid und Spuren Trisaccharid

Die Fraktionen der Röhrchen 67 bis 120 werden vereinigt und im Vakuum bei 40 bis 50° Badtemperatur auf ca. 30 ml eingeengt. Nach Zugabe von 100 ml absolutem Äther und 50 ml absolutem Petroläther fällt III in amorpher Form aus. Es wird durch vorsichtiges Absaugen oder Zentrifugieren isoliert. Nach dem Trocknen wird III zur Reinigung in 20 ml absolutem Methanol bei 50° weitgehend gelöst und durch vorsichtige Ätherzugabe (ca. 50 ml) gefällt. Man dekantiert, wäscht mehrfach mit Äther und trocknet das ätherfeuchte Produkt vorsichtig im Exsikkator. Ausb. 329 mg III (noch nicht chromatographisch rein).

Durch eine nochmalige Trennung (Säule: Ø 2.6 cm, Höhe 40 cm, n-Butanol/Dimethylformamid/Wasser (3:1:1), 100 g Cellulosepulver) werden aus 280 mg verunreinigtem III 239 mg chromatographisch reines α-Tetrasaccharid erhalten. Durchlaufchromatogramm: 1 Fleck (Whatman Nr. 1, N-Butanol/Dimethylformamid/Wasser (3:1:1), 3 Tage, Reag. Silbernitrat/Ammoniak).

Ausb.: 12.8 % **d**.Th. (bez. auf I)

$[\alpha]_D$: + 152.4° (Wasser, c = 1)

$C_{24}H_{42}O_{21}$ (666.576)   Ber. C 43.25   H 6.35
                            Gef. C 41.52   H 6.35

5. Partielle Hydrolyse von III: 130.7 mg III werden in 6.5 ml 0.05 N H_2SO_4 gelöst und 6 1/2 Std. unter Rückfluß auf 100° erhitzt. Anschließend wird die abgekühlte Lösung mit Ammoniumhydrogencarbonat neutralisiert und bei 30° Badtemperatur im Vakuum eingeengt. Der Rückstand (bräunlicher Sirup) wird mit etwas Cellulosepulver vermischt und wie üblich auf eine Cellulosesäule aufgetragen (Ø 2.7 cm, Höhe 50 cm; 100 g Cellulosepulver; Überdruck 1 m Wassersäule; n-Butanol/Dimethylformamid/Wasser (3:1:1). Nach einem Durchlauf von 500 ml Lösungsmittelgemisch werden Fraktionen von je 6 bis 8 ml aufgefangen. Die Auswertung erfolgt auf chromatographischem Wege:

Kieselgel; Isopropanol/Diisopropyläther/65 %ige Ameisensäure
(4:3:3).

Fraktionen 20 - 32: D-Glucose

$\qquad$ 40 - 60: Maltose und Spuren Isomaltose (ab Fr. 56)

$\qquad$ 62 - 84: Isomaltose

$\qquad$ 94 -134: Tri- und Tetrasaccharid

Die Fraktionen 62 bis 84 werden vereinigt und bei einer Badtemperatur von 35° im Vakuum abgedampft.

Ausb. 22 mg bräunlicher Sirup
Chromatographische Auswertung:

(a) Whatman Nr. 1, aufst., n-Butanol/Dimethylformamid/Wasser
(2:1:1), Anilinphthalat.
1 Flecken Fr. 62 - 84: R_f 0.40

Test: Isomaltose$\qquad$: R_f 0.40

Test: Gentiobiose$\qquad$: R_f 0.40

(b) Kieselgel; Isopropanol/Diisopropyläther/65 %ige Ameisensäure (4:3:3), conc. H_2SO_4, ca. 115°
1 Flecken Fr. 62 - 84: R_f 0.13

Test: Isomaltose$\qquad$: R_f 0.13

Test: Gentiobiose$\qquad$: R_f 0.13

6. Acetylierung von Fraktion 64 bis 82 (Isomaltose-octacetat):
22 mg Sirup werden in einem 3 ml-Spitzkölbchen mit 22 mg wasserfreiem Natriumacetat und 0.2 ml Acetanhydrid unter häufigem
Umschütteln im Verlaufe einer Std. auf 100° erhitzt und 2 <u>Std.</u>
bei dieser Temperatur belassen. Man läßt abkühlen und gießt das
Reaktionsgemisch tropfenweise in 7 ml Eiswasser, das innerhalb
von 3 Std. mit Natriumhydrogencarbonat neutralisiert wird. Isomaltose-octacetat setzt sich als Sirup ab. Das überstehende Wasser wird dekantiert und zweimal mit je 10 ml Chlfm. ausgeschüttelt. Die Chlfm.-Auszüge werden mit dem Sirup vereinigt und die
Lösung mit Na_2SO_4 und A-Kohle behandelt. Nach 12 Std. wird bei
30° Badtemperatur im Vakuum zum Sirup eingeengt und im Vakuum
über P_2O_5 getrocknet.

Ausb. 18 mg (41.4 % d.Th.)
Chromatographische Auswertung:

(a) Kieselgel, Cyclohexan/Diisopropyläther/Pyridin (4:3:3),
conc. H_2SO_4, 115° 10 Min. im Trockenschrank.

Test: β-Gentiobiose-octacetat: R_f 0.37

Test: β-Isomaltose-octacetat : R_f 0.25

Acetylierte Fr. 62 - 84 $\qquad$: R_f 0.26 - 0.27

IV. Synthese eines Di-α-D-glucofuranose-3.6´-anhydrids

Die Verwendung von Epoxiden der Zucker zu Disaccharid-Synthesen
ist bereits an mehreren Beispielen gezeigt worden. Besonders erfolgreich erwies sich die 1.2-Anhydro-3.4.6-tetra-o-acetyl-α-D-
glucose, deren Anhydroring durch nucleophilen Angriff einer Hy-
droxylgruppe der zweiten Zuckerkomponente am C_1 unter Bildung

eines Disaccharids geöffnet wird. Nach diesem Prinzip wurde
u. a. Saccharose, $\alpha\alpha$-Trehalose und Maltose synthetisiert (19,
20, 21). 5.6-Anhydrozucker wurden bisher nur sehr selten zu
Disaccharidsynthesen eingesetzt. Freudenberg und Mitarbeiter
(22) setzten 5.6-Anhydro-1.2-isopropyliden-α-D-glucofuranose
mit Tetra-O-acetyl-α-D-glucopyranosyl-bromid zur 6-Brom-6-
desoxy-5 [2.3.4.6-tetra-O-acetyl]-1.2-isopropyliden-α-D-gluco-
furanose um (Abb. 9).

Auch endständige Hydroxylgruppen geeigneter Zuckerderivate grei-
fen den 5.6-Epoxid-Ring nucleophil an, wie Whistler und Frowein
(23) zeigten. Sie führten die Umsetzung des obigen 5.6-Anhydrids
mit 1.2-Isopropyliden-D-glucofuranose durch. Obwohl die letztere
Verbindung drei freie Hydroxylgruppen besitzt, erfolgte nur
6.6´-Verknüpfung zu dem Di-O-isopropyliden-Derivat eines Di-α-D-
glucofuranose-6.6´-anhydrids (Abb. 9).

Die Zuordnung dieses Stoffes zu den Disacchariden ist umstritten,
weil er in einer typischen chemischen Eigenschaft von diesen ab-
weicht. Die Bindung zwischen den beiden Monosaccharid-Resten ist
eine echte Ätherbindung und wird demgemäß durch wässrige Säuren
nicht hydrolysiert. Korrekter ist die von Whistler getroffene
Formulierung als Dihexose-Anhydrid. Polymere der Monosaccharide
dieser Art wurden bisher in der Natur nicht gefunden.

Behandelt man 5.6-Anhydro-1.2-O-isopropyliden-3-O-methyl-α-D-
glucofuranose (I) mit basischen Reagentien, so tritt hauptsäch-
lich Polymerisation des Anhydrozuckers unter 5.6-Verknüpfung ein.
Diese Reaktion ist von Schuerch und Mitarbeitern systematisch
untersucht worden (24).

Unser Ziel war zunächst, durch Umsetzung von 5.6-Anhydro-1.2-
isopropyliden-D-gluco-furanose mit einem C_1-freien Zucker-Deri-

vat eine neue Synthese von 1.6-verknüpften Disacchariden zu ent-
wickeln.

Um Nebenreaktionen des Anhydrozuckers (z. B. Umlagerung zur 3.6-
Anhydroverbindung) zu vermeiden, wurde der 3-O-Methyläther (I) als
Ausgangsprodukt gewählt.

Als Hydroxylkomponente setzten wir 2.3.4.6-Tetra-O-methyl-D-glu-
cose ein und als Lösungsmittel Dimethylformamid, da sich dieses
bei nucleophilen Substitutionsreaktionen bewährt hat. Wir konnten jedoch keine Umsetzung beobachten, auch nicht in der Schmelze. Wir haben sodann die Nucleophilie von 2.3.4.6-Tetra-o-methyl-
glucose durch Überführung in ihre C_1-Natrium-Verbindung gestei-

gert und analoge Kondensationsversuche unternommen. Hierbei konn-
ten jedoch nur unter energischen Bedingungen die im alkalischen
Gebiet eintretenden Abbaureaktionen der 2.3.4.6-Tetra-O-methyl-
D-glucose beobachtet werden (25).

Erfolgreich verlief die Umsetzung von I mit der stabilen 3-Na-
triumverbindung der 1.2.5.6-Diaceton-D-glucose (II) (Abb. 10).
Aus I und II erhielten wir in der Schmelze das bisher unbekannte
1.2:5.6:1´.2´-Tri-O-isopropyliden-3´-O-methyl-di-α-D-glucofurano-
se-3.6´-anhydrid (IV) und als Nebenprodukt das von Schuerch bereits beschriebene Linearpolymere III. Nicht umgesetzte Ausgangs-
produkte ließen sich durch Säulenchromatographie an Kieselgel
oder Sephadex entfernen, während für die Trennung von III und IV
auf einfache Weise ihre unterschiedliche Löslichkeit in Äthanol

herangezogen werden konnte. III kristallisiert aus Äthanol, während IV darin gut löslich ist.

Zur Identifizierung von III wurde die Molekulargewichtsbestimmung im Dampfdruckosmometer (Molgewicht = 2.300), sein Schmelzpunkt (155 - 160°), die Elementaranalyse und besonders sein IR-Spektrum und Vergleich mit den von Schuerch [l.c.24] gefundenen Daten für das Linearpolymere III herangezogen. Danach kommt III eindeutig die angegebene Struktur zu (Abb. 11).

Das Di-glucose-anhydrid IV und auch die acetonfreie Verbindung V, die wir aus IV durch saure Hydrolyse erhielten, sind sirupöse, unreine Substanzen. Durch Acetylierung konnten wir jedoch V über sein gut kristallisierendes Acetat VI, welches durch mehrfaches Umkristallisieren aus Äthanol analysenrein erhalten wurde, reinigen.

Die Struktur des Di-α-D-glucose-3.6´-anhydrids haben wir auf folgendem Wege sichergestellt. Molekulargewichtsbestimmung und Elementaranalyse entsprechen der Zusammensetzung. V ist stabil gegenüber saurer Hydrolyse (5 proz. Salzsäure), was die echte Ätherverbrückung beweist. Im Chromatogramm sind weder Glucose noch 3-O-Methyl-glucose nachweisbar.

Nach dem Syntheseweg könnte eine 3.5-, viel wahrscheinlicher jedoch eine 3.6-Verknüpfung vorliegen. Letztere wurde auf zwei Wegen bewiesen. In das Anhydrid IV ließ sich keine Tritylgruppe unter den zur Tritylierung terminaler Hydroxygruppen bekannten Bedingungen einführen. Auch durch massenspektrometrische Untersuchungen an IV und dem Hepta-acetat VI ließen sich die Verknüpfungsorte exakt festlegen.

Das Massenspektrum von 4 (Abb. 12) ließ sich unter Berücksichtigung der Arbeiten von DeJongh und Biemann (26) weitgehend deuten. Ein Molekülpeak wird nicht gefunden. Die Abspaltung einer der geminalen Methylgruppen der Isopropylidenreste gibt jedoch ein stabiles Ion, so daß ein intensiver Peak bei Massenzahl (MZ) 461 (M - 15) auftritt. Dieses Ion zerfällt unter Eliminierung von Aceton und Essigsäure. Auf diese Weise kommen die Fragmente MZ 403 (M - 15 - 58) und MZ 343 (M - 15 - 58 - 60) zustande (Abb. 13). Eine ähnliche Serie entsteht durch Zerfall eines Fragmentes MZ 260 (Diacetonglucose), das durch Spaltung der "Disaccharidbindung" in der in VI angegebenen Weise gebildet wird. Es sind dies die Peaks bei MZ 245 (200 - 15), MZ 187 (260 - 15 - 58), MZ 185 (260 - 15 - 60) und MZ 127 (260 - 15 - 58 - 60). Besonders leicht wird bei Hexofuranosen die C_4-C_5-Bindung gespalten. Die positive Ladung übernimmt bevorzugt das C_5-C_6-Fragment, so daß das Spektrum von einem intensiven Peak bei MZ 101 beherrscht wird. Das C_1-C_2-C_3-C_4-Fragment MZ 159 wird im A´-Teil des Moleküls durch die O-Methylgruppe zu MZ 173 verschoben. Nach diesem Zerfallsmechanismus werden auch die Fragmente MZ 303 (M - 173) und MZ 202 (M - 173 - 101) gebildet, in denen die 3.6´-Bindung intakt blieb. Durch einen weiteren charakteristischen Zerfall, bei dem die C_3-C_4-Bindung aufgeht, entstehen die Fragmente MZ 345, MZ 131, MZ 129 und MZ 143. Außerdem gibt es eine Reihe weniger charakteristischer Peaks, die in den Spektren aller Isopropylidenverbindungen auftreten. Es sind dies die Ionen MZ 100, MZ 85 und MZ 113. Intensive Peaks finden sich auch bei MZ 43 (CH_3CO^+) und MZ 59 (protoniertes Aceton). Das Massenspektrum von **4** steht somit in sehr guter Übereinstimmung mit der Struktur eines 3-verknüpften Dimeren.

Die Verknüpfung in dem 3-O-Methylglucoseteil (5´ oder 6´) ist daraus jedoch nicht zu ersehen. Hierzu zogen wir das Massenspektrum von **6** (Abb. 14) heran. Bei einer 6´-Verknüpfung liegen beide Glucosemoleküle in der pyranoiden Form vor. In diesem Fall dürfen die sehr charakteristischen Peaks für die furanoide Form (27, 28) im Massenspektrum nicht auftreten. Diese Peaks kommen im Spektrum nicht mit der erwarteten Intensität vor. Dagegen leitet sich z. B. vom Fragment MZ 303 ein Ion ab, das nur bei Vorliegen eines Sechsrings entstehen kann. Es ist das Ion MZ 289 (303 - CH_2) mit einer relativen Intensität von 75 % (Abb. 15).

<u>Beschreibung der Versuche</u>

Allgemeines

Das Eindampfen der Lösungen geschah im Vakuum bei einer Badtemperatur von 35°. Die IR-Spektren wurden mit einem Perkin-Elmer Spektrophotometer Modell 157 aufgenommen. Die Substanzen kamen als KBr-Presslinge in den Strahlengang. Auf mit Kieselgel G (E. Merck AG) bestrichenen Glasplatten wurden die Dünnschichtchromatogramme ausgeführt. Als Laufmittel fand ein Lösungsmittelgemisch, 200:47:15:1 Benzol/Äthanol/Wasser/Ammoniak, Verwendung. Die Entwicklung der Chromatogramme geschah durch Sprühen mit konzentrierter Schwefelsäure und anschließendes Erhitzen bei 120°. Die Papierchromatogramme wurden mit Whatman Nr. 1-Papier aufsteigend mit 8:1:4 Butanol/Äthanol/Wasser als Laufmittel angefertigt. Besprüht wurde mit Anilinphthalat-Lösung. Die Massenspektren wurden mit einem Massenspektrometer Modell SM1-B der Firma Varian-MAT nach einer direkten Einlaßmethode unter folgenden Bedingungen aufgenommen: Arbeitstemperatur 160°, Elektronenenergie 70 eV.

1.2:5.6:1´.2´-Tri-O-isopropyliden-3´-O-methyl-di-α-D-glucofuranose-3.6´-anhydrid (**4**). -

(a) Darstellung in einem Lösungsmittel. Zu einer Lösung von 1.2:5.6-Di-O-isopropyliden-α-D-glucofuranose (29) (**2**, 1,00 g, Schmp. 110°) in absolutem Dioxan wurde Natriumdraht (ca. 3 g) gepreßt und die Mischung 5 Std. unter Rückfluß und Feuchtigkeitsausschluß bei Zimmertemperatur stehengelassen. Sodann wurde der Natriumdraht herausgezogen und eine äquimolare Menge von 5.6-Anhydro-1.2-O-isopropyliden-3-O-methyl-α-D-glucofuranose (30) (**1**, 0,83 g bzw. 0,68 ml des Sirups) hinzugegeben. Daran schloß sich ein 15-stündiges Erhitzen unter Rückfluß und Feuchtigkeitsausschluß an. Anschließend wurde zu der Dioxanlösung Wasser gegeben und die stark alkalische Lösung mit verdünnter Schwefelsäure vorsichtig neutralisiert. Nach dem Eindampfen und Aufnehmen des Rückstandes mit Benzol konnten die anorganischen Salze abfiltriert werden. Die Isolierung durch Chromatographie ist im folgenden Paragraphen beschrieben.

(b) Darstellung in der Schmelze. Verbindung **2**[8] (1,00 g) wurde mit einer äquimolaren Menge Natrium (0,09 g) 1 Std. bei 110° im Ölbad unter getrocknetem Stickstoff geschmolzen. Dabei sublimierte ein geringer Teil von **2**. Zu der klaren Schmelze wurde eine äquimolare Menge Verbindung **1**[9] (0,83 g) hinzugegeben und anschließend die Mischung 2 <u>Std.</u> bei 80 bis 100° gehalten. Die abgekühlte Schmelze wurde in Methanol-Wasser aufgenommen, wobei man, um die Rückstände besser lösen zu können, zweckmäßig etwas Aceton hinzufügt.

20

Die stark alkalische Lösung wurde mit verdünnter Schwefelsäure
neutralisiert. Im übrigen wurde wie vorher beschrieben verfahren.

Chromatographische Reinigung und Trennung: In ein Chromatographier-
rohr wurde Kieselgel G Pulver unter 0,08 mm mit 9:1 Benzol/Ätha-
nol eingeschlämmt. Nachdem sich die Suspension über Nacht abge-
setzt hatte, wurde der Sirup, gelöst im bereits angegebenen Lösungsmittelgemisch, in der üblichen Weise auf die Säule gebracht.
Anschließend wurde mit dem gleichen Lösungsmittel nach der Durchlaufmethode mit Hilfe eines Fraktomaten eluiert. Ausgetestet
wurden die Fraktionen auf Kieselgel G-Dünnschichtplatten. Die ent-
sprechenden Fraktionen wurden vereinigt und eingedampft. Zu der
Fraktion, die 4 neben gewissen Mengen des Linearpolymeren 3 ent-
hielt, wurde wenig trockenes Äthanol gegeben und vorsichtig eingeengt. Dabei kristallisierte die Verunreinigung 3 aus und 4 fiel
als Sirup an, der beim scharfen Trocknen im Vakuum zu einem Glas
erstarrte; 620 mg (34 %), $[\alpha]_D^{20}$-32,9° (c 1,8, Aceton).

Anal. Ber. für $C_{22}H_{36}O_{11}$ (476.5): C 55.44 H 7.71; OCH_3, 6.51.
Gef.: C 55.76 H 7.70; OCH_3, 8.89; Mol-Gew.: 545 (dampfdruckosmometrisch), 476 (massenspektrometrisch).

Die Ausbeute von Poly(5.6-anhydro-1.2-O-isopropyliden-3-O-methyl-
α-D-glucofuranose) (3) war 80 mg (9 %), bezogen auf ein mittleres
Molekulargewicht von 2300; Schmp. 155 - 157°; $[\alpha]_D^{20}$-32.2°
(c 1.1, Aceton).
Anal. Ber. für $C_{10}H_{16}O_5$ [$(216.2)_n$]: C 55.50 H 7.40; OCH_3, 14.35.
Gef.: C 55.39 H 7.43; OCH_3, 13.96; Mol-Gew.: ca. 2300 (dampfdruckosmometrisch).

3′-O-Methyl-di-α-D-glucose-3.6′-anhydrid-hepta-acetat (6) -
Verbindung 4 (600 mg) wurde zur Abspaltung der Acetonreste 2 <u>Std.</u>
mit 50 %iger Essigsäure (10 ml) zum Sieden erhitzt und anschließend zur Trockne eingedampft. Im Vakuum über Phosphorpentoxid
getrocknetes 5 (450 mg) wurde mit wasserfreiem Natriumacetat
(250 mg) und Acetanhydrid (3.0 ml) unter häufigem Umschütteln
im Verlauf von 1 <u>Std.</u> im Ölbad auf 100° erhitzt. Nach einer weiteren Stunde wurde die Reaktionslösung für 10 Min. auf 120° gebracht. Nach dem Abkühlen wurde die Lösung in Eiswasser (100 ml)
eingerührt. Der dabei ausfallende Sirup kristallisierte nach
einiger Zeit. Die Lösung wurde mit festem Natriumhydrogenkar-
bonat neutralisiert und 12 <u>Std.</u> stehengelassen. Danach wurden
die Kristalle abgesaugt und das Produkt aus absolutem Äthanol
zwei- bis dreimal umkristallisiert; 6 war dünnschichtchromato-
graphisch einheitlich. Weiteres Umkristallisieren änderte den
Schmelzpunkt nicht; 530 mg (73 %), Schmp. 189 - 190°.
Anal. Ber. für $C_{27}H_{38}O_{18}$ (650.5): C 49.85 H 5.88.
Gef.: C 49.87 H 6.07; Mol-Gew.: 636 (dampfdruckosmometrisch),
650 (massenspektrometrisch).

Literaturverzeichnis

(1) Klemer, A., Homberg, K., Lukowski, H. und F. Zerhusen, Forschungsbericht des Landes NRW Nr. 1430 (1965).
(2) Klemer, A., Chem. Ber. $\underline{92}$, 220 (1959).
(3) Klemer, A., Chem. Ber. $\underline{92}$, 218 (1959).
(4) Klemer, A., Chem. Ber. $\underline{96}$, 634 (1963).
(5) Helferich, B. und W. Klein, Liebigs Ann. Chem. $\underline{450}$, 225 (1926).
(6) Klemer, A., Chem. Ber. $\underline{89}$, 2583 (1956); Haskins, W.T., Han, R.M. und C.S. Hudson, J. Amer. chem. Soc., $\underline{63}$, 1725 (1941).
(7) Eines der Trisaccharide gleicht in seinem R_F-Wert der 4α.6β -Bis-D-glucosido-D-glucose (l.c.3).
(8) Klemer, A. und K. Homberg, Chem. Ber. $\underline{94}$, 2747 (1961);. Micheel, F. und G. Hagemann, Chem. Ber. $\underline{92}$, 2836 (1959).
(9) Bredereck, H., Wagner, A., Faber, G., Ott, H. und J. Rauther, Chem. Ber. $\underline{92}$, 1135 (1959); vgl. E. Husemann und M. Reinhardt, Angew. Chem. $\underline{71}$, 429 (1959).
(10) Klemer, A. und K. Homberg, Chem. Ber. $\underline{93}$, 1643 (1960).
(11) Kuhn, R., Trischmann, H. und I. Löw, Angew. Chem. $\underline{67}$, 32 (1955).
(12) Irvine, J.C. und A.M. Moodie, J. chem. Soc. [London] $\underline{93}$, 103 (1908).
(13) Irvine, J.C. und J.W.H. Oldham, J. chem. Soc. [London] $\underline{119}$, 1744 (1921).
(14) McCloskey, C.M. und G.H. Coleman, J. org. Chemistry $\underline{10}$, 184 (1945).
(15) Wolfrom, M.L., Pittet, A.O. und I.C. Gillam, Proc. Natl. Acad. Sci. $\underline{47}$, 700 (1961).
(16) de Souza, R. und I.J. Goldstein, Tetrahedron Letters $\underline{1964}$, 1215.
(17) Wolfrom, M.L., Thompson, A. und D.R. Lineback, J. Org. Chem. $\underline{28}$, 860 (1963).
(18) Klemer, A., Tetrahedron Letters [London], $\underline{22}$, 5 (1960).
(19) Lemieux, R.U. und H.F. Bauer, Canad. J. Chem. $\underline{32}$, 340 (1954).
(20) Lemieux, R.U., Canad. J. Chem. $\underline{31}$, 949 (1953).
(21) Lemieux, R.U. und G. Huber, J. Am. Chem. Soc. $\underline{75}$, 4118 (1953).
(22) Freudenberg u. Toepffer und C.C. Andersen, Ber., $\underline{61}$, 1751 (1928).
(23) Whistler, R.L. und A. Frowein, J. Org. Chem., $\underline{26}$, 3946 (1961).
(24) Nevin, R.S., Sarkanen, J. und C. Schuerch, J. Amer. Chem. Soc. $\underline{84}$, 78 (1962).
(25) Sowden, J.C., The Saccharinic Acids, Advances Carbohydrate Chem., $\underline{12}$, 36 (1957).
(26) De Jongh, D.C. und K. Biemann, J. Amer. Chem. Soc. $\underline{86}$, 67 (1964).
(27) Biemann, J., De Jongh, D.C. und H.K. Schnoes, J. Amer. Chem. Soc. $\underline{85}$, 1763 (1963).
(28) De Jongh, D.C. und K. Biemann, J. Amer. Chem. Soc. $\underline{85}$, 2289 (1963).
(29) Glen, W.L., Meyers, G.S. und G. Grant, J. Chem. Soc. 2568 (1951).
(30) Vischer, E. und T. Reichstein, Helv. Chim. Acta, $\underline{27}$, 1337 (1944).

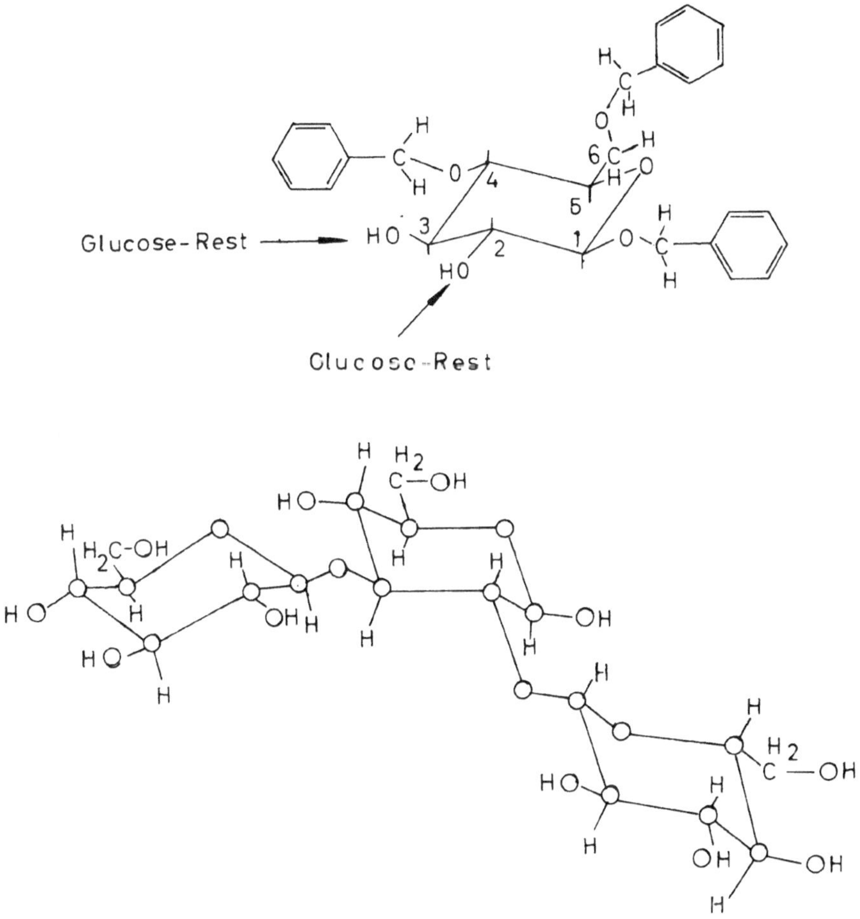

Abb. 1: Modelle zur Synthese von 2.3-Bis-[β-D-glucosido <1.5>]-
D-glucose

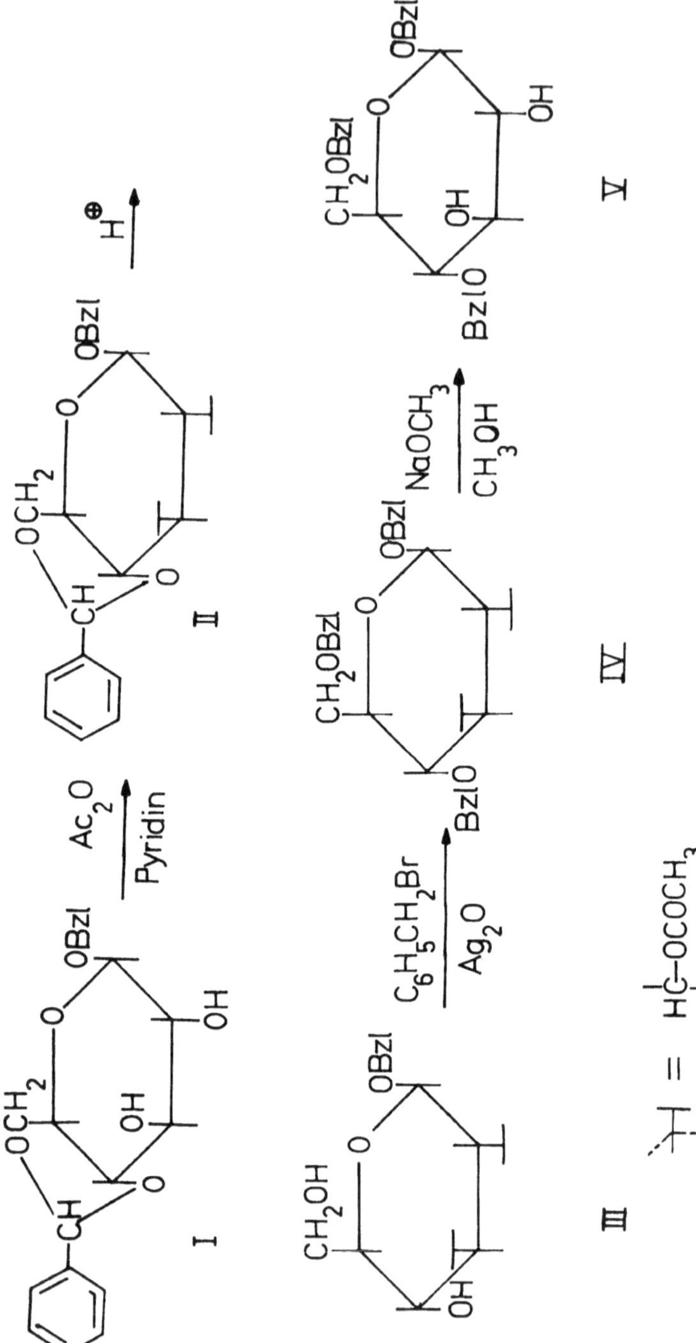

Abb. 2: Synthese von β-Benzyl-4.6-di-O-benzyl-D-glucosid

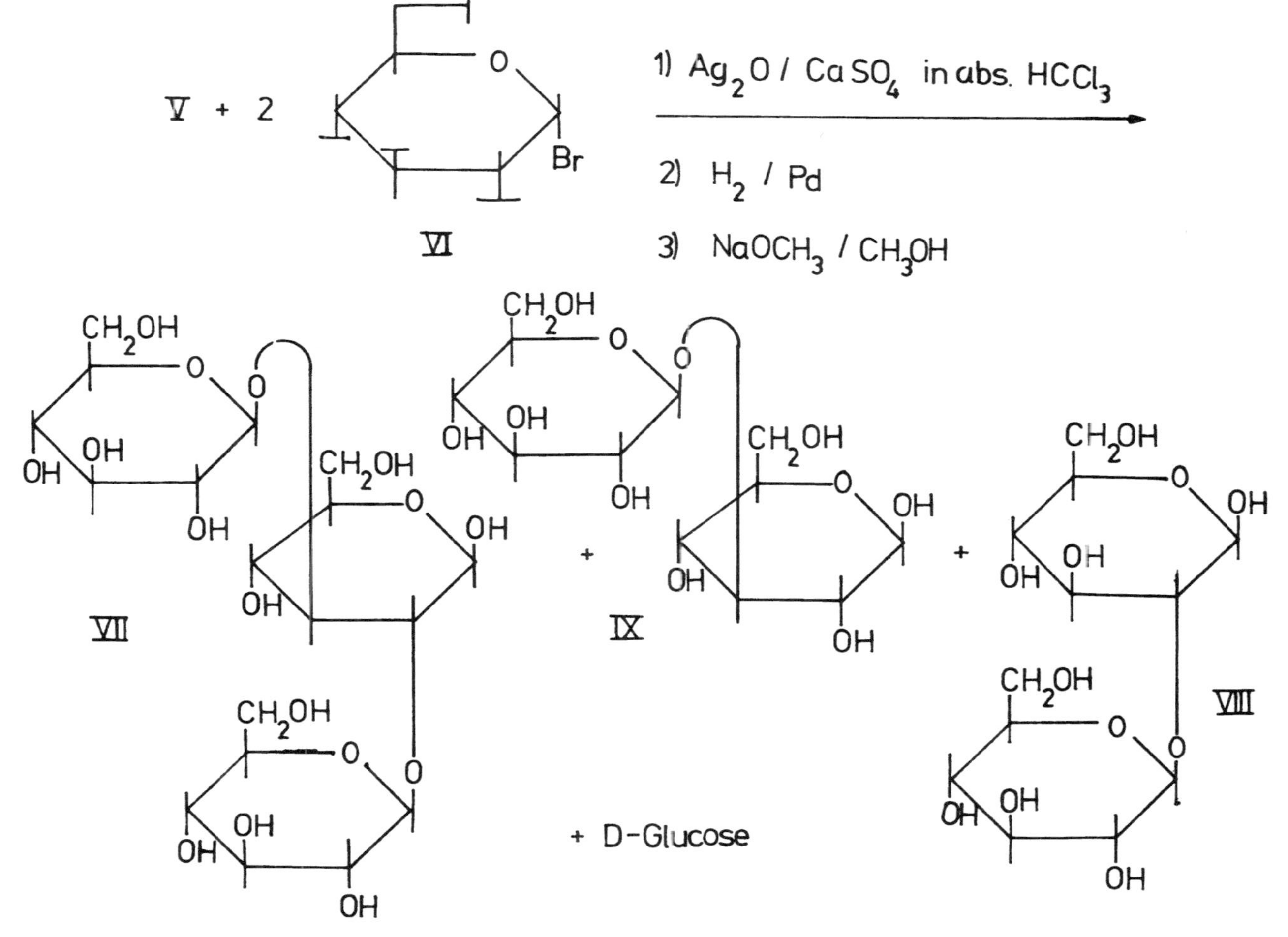

Abb. 3: Synthese von 2.3-Bis-[β-D-glucosido <1.5>]-D-glucose

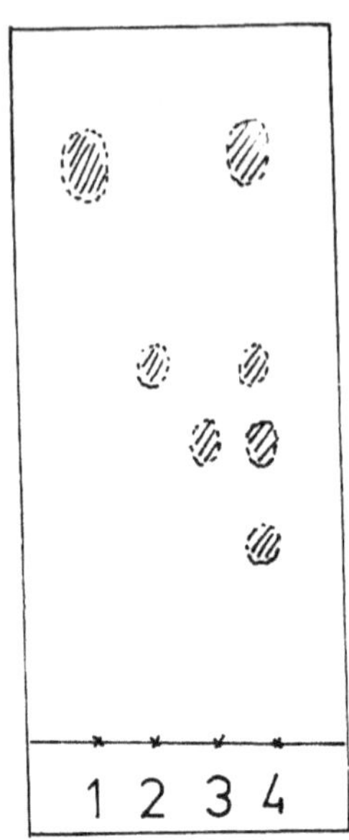

Abb. 4: Durchlaufchromatogramm der Produkte der partiellen Hydrolyse von 2.3-Bis-[β -D-glucosido <1.5>]-D-glucose

    1 D-Glucose
    2 3-β -D-Glucosido-D-glucose
    3 2-β -D-Glucosido-D-glucose
    4 Hydrolysat von 2.3-Bis-[β -D-glucosido <1.5>]-D-glucose

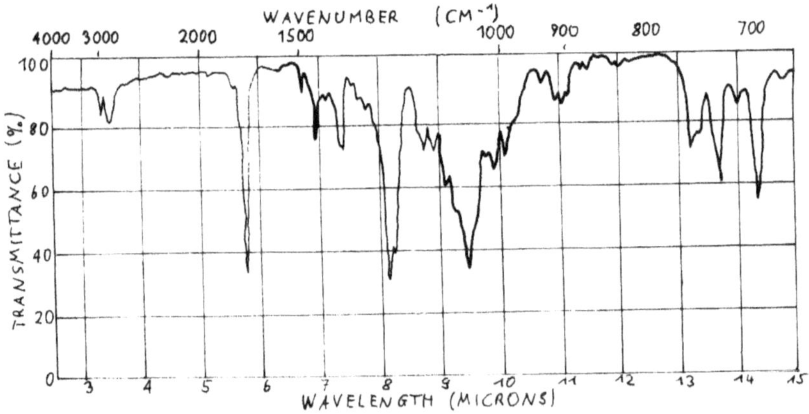

Abb. 5: IR-Spektrum von β -Benzyl-2.3-di-O-acetyl-4.6-di-O-benzyl-
D-glucosid

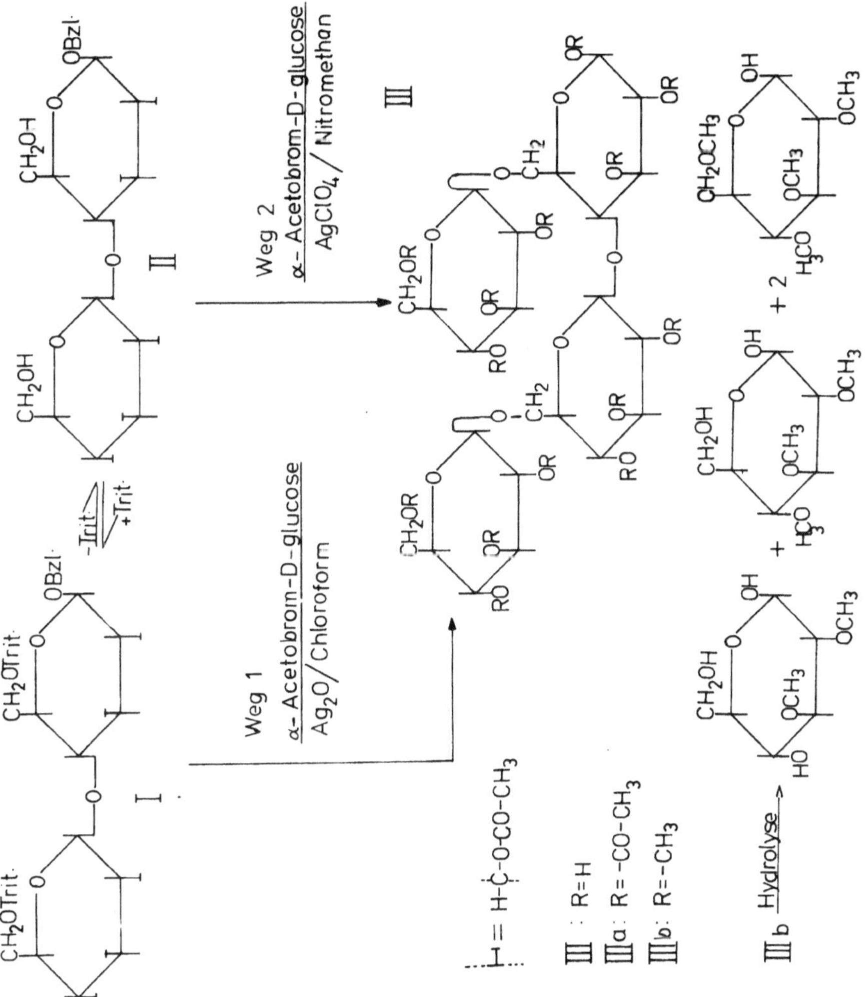

Abb. 6: Synthese eines verzweigten Tetrasaccharides:
6.6′-Bis[-β-D-glucosido <1.5>]-D-maltose

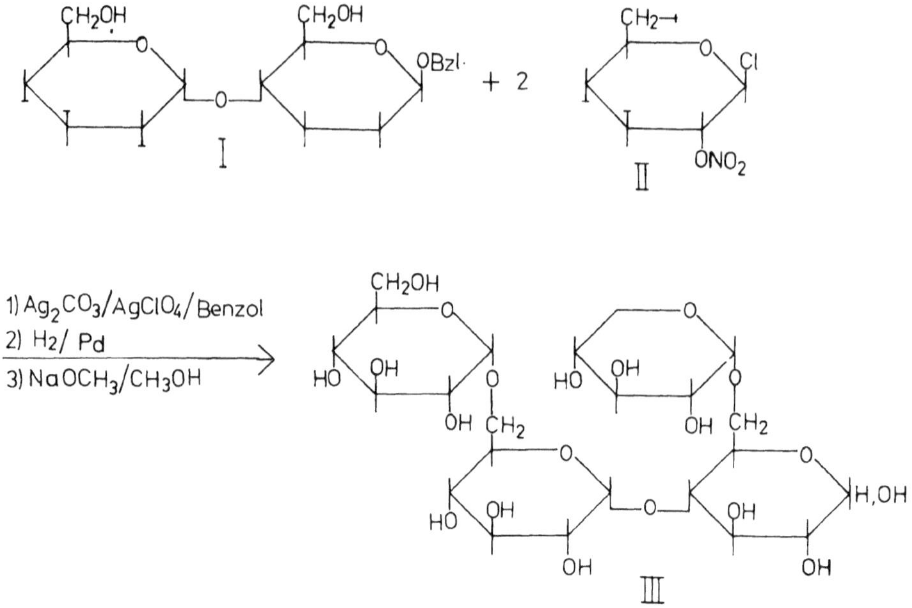

Abb. 7: Synthese eines verzweigten Tetrasaccharides:
6.6´-Bis[-α-D-glucosido <1.5 >]-D-maltose

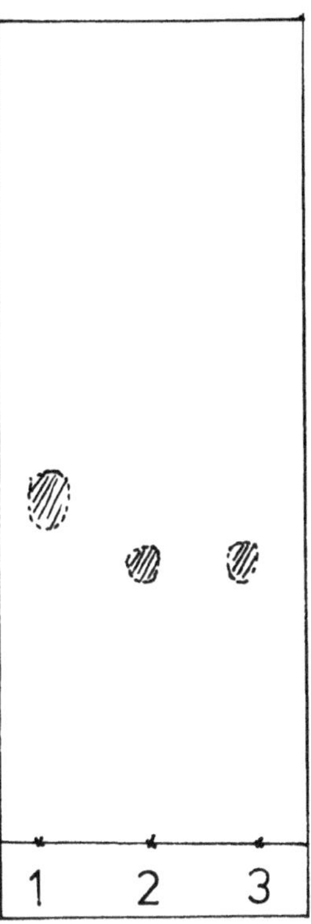

Abb. 8: Chromatographische Identifizierung von Maltose als
Octaacetat aus 6.6´-[α-D-glucosido <1.5>]-D-maltose (III)

1 β-Gentiobiose-octaacetat
2 β-Isomaltose-octaacetat
3 Isomaltose-octaacetat aus III nach anschließender
Acetylierung

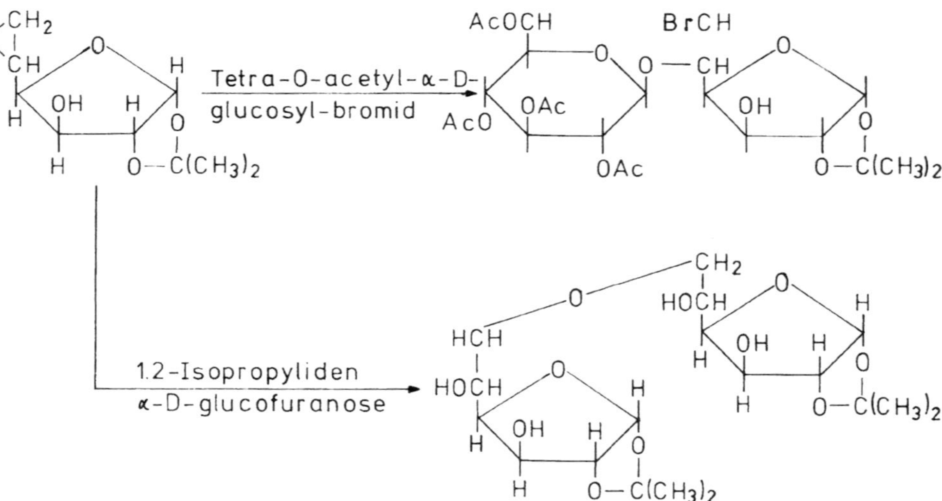

Abb. 9: Synthesen mit 5.6-Anhydro-Derivaten der D-Glucofuranose

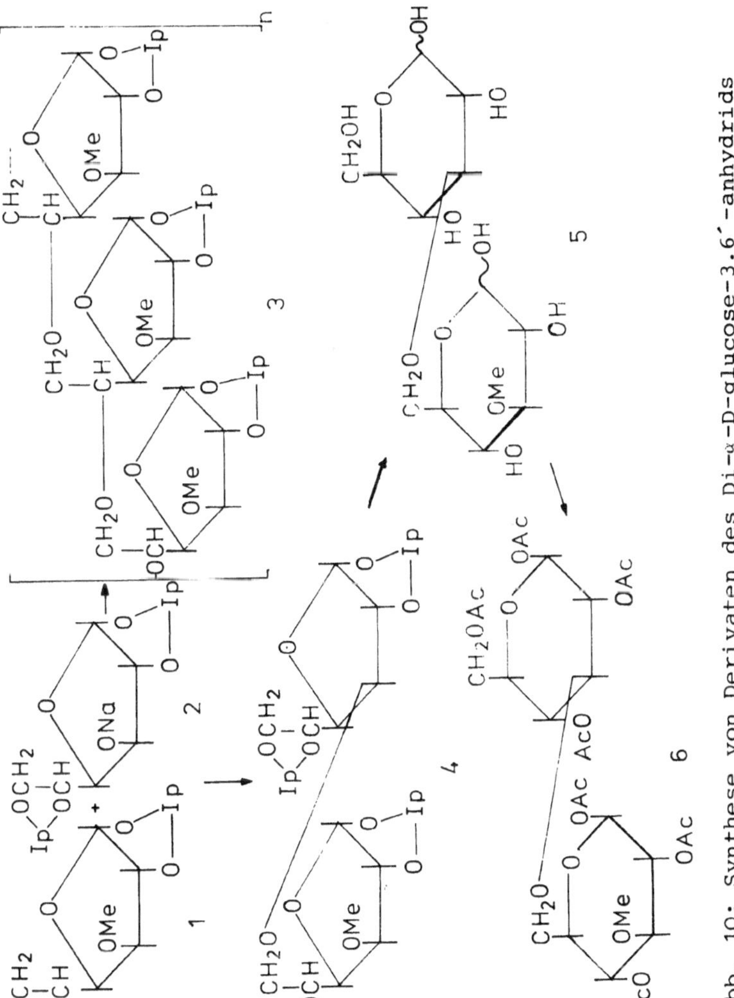

Abb. 10: Synthese von Derivaten des Di-α-D-glucose-3.6'-anhydrids

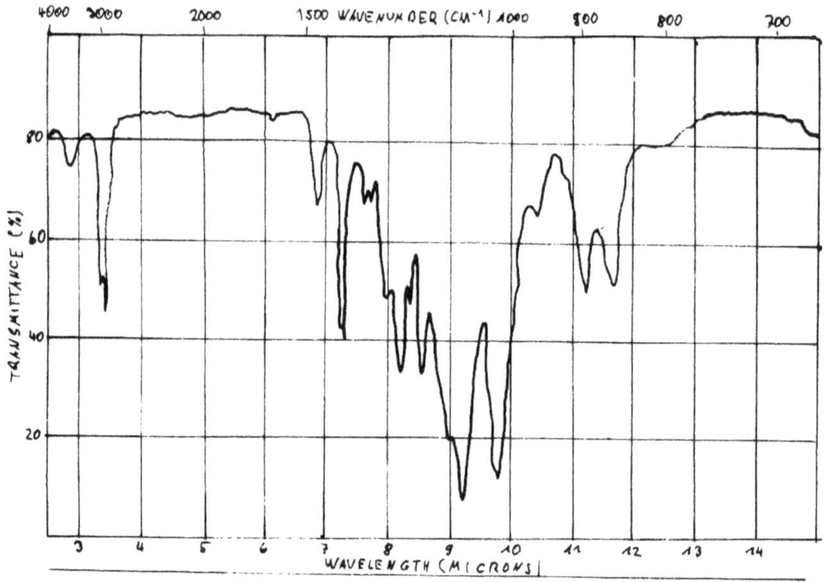

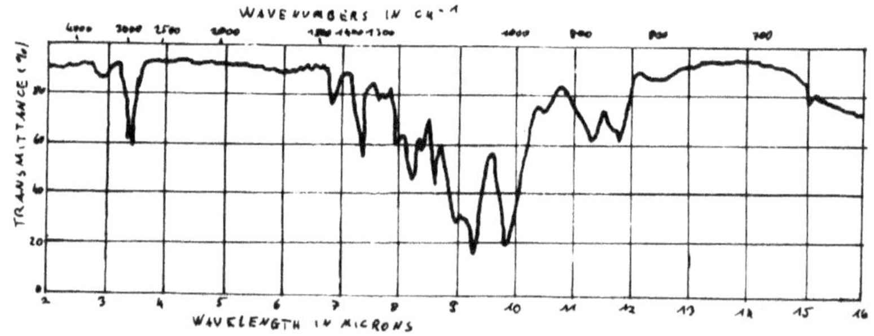

Abb. 11: a) IR-Spektrum des Linearpolymeren (III)
        b) IR-Spektrum von (III) dargestellt nach l.c.24)

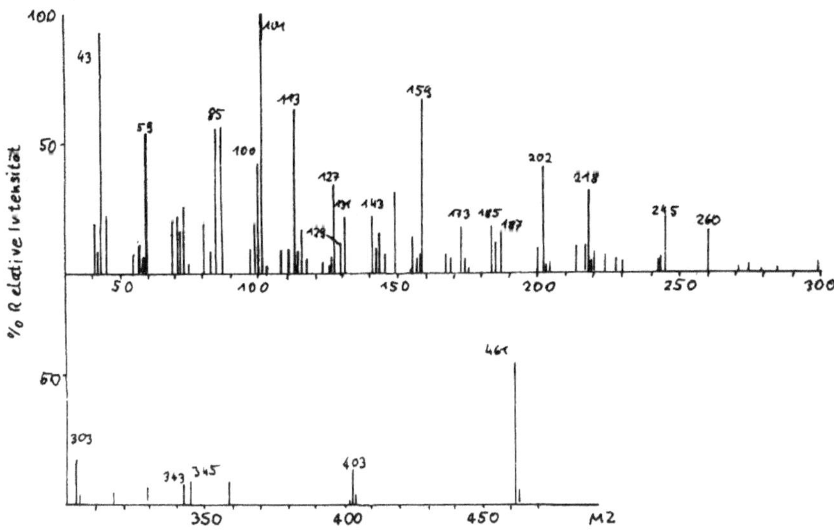

Abb. 12: Massenspektrum von 1.2-5.6-1´.2´-Tri-O-isopropyliden-3´-
O-methyl-di-α-D-glucofuranose-3.6´-anhydrid

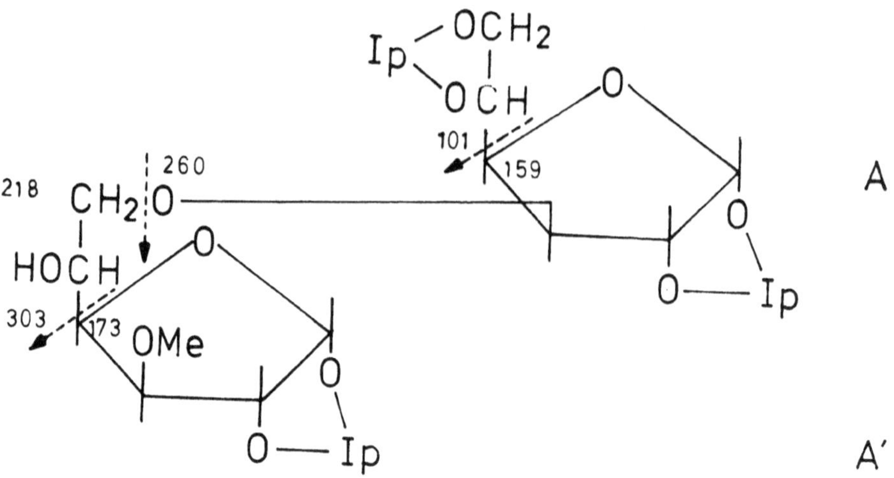

Abb. 13: Fragmentierungsschema von 1.2-5.6-1′.2′-Tri-O-isopropyli-
den-3′-O-methyl-di-α-D-glucofuranose-3.6′-anhydrid

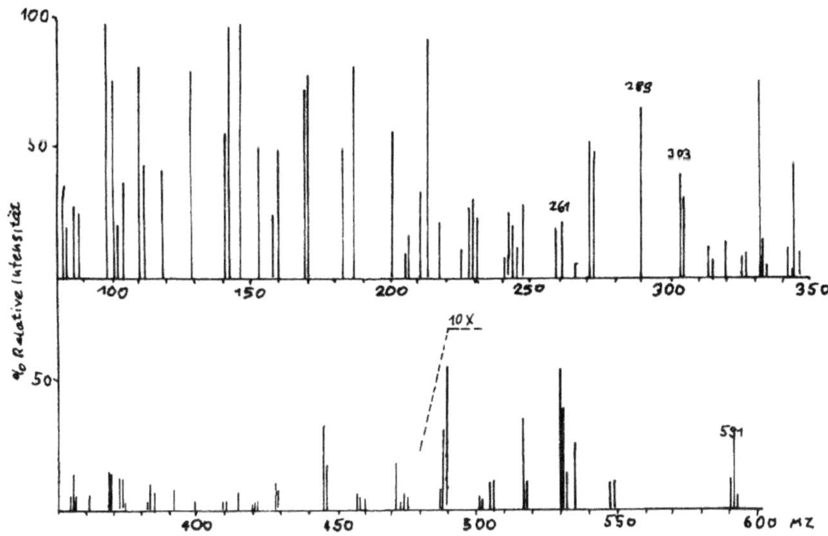

Abb. 14: Massenspektrum von 3´-O-Methyl-di-α-D-glucose-3.6´-
anhydrid-heptaacetat

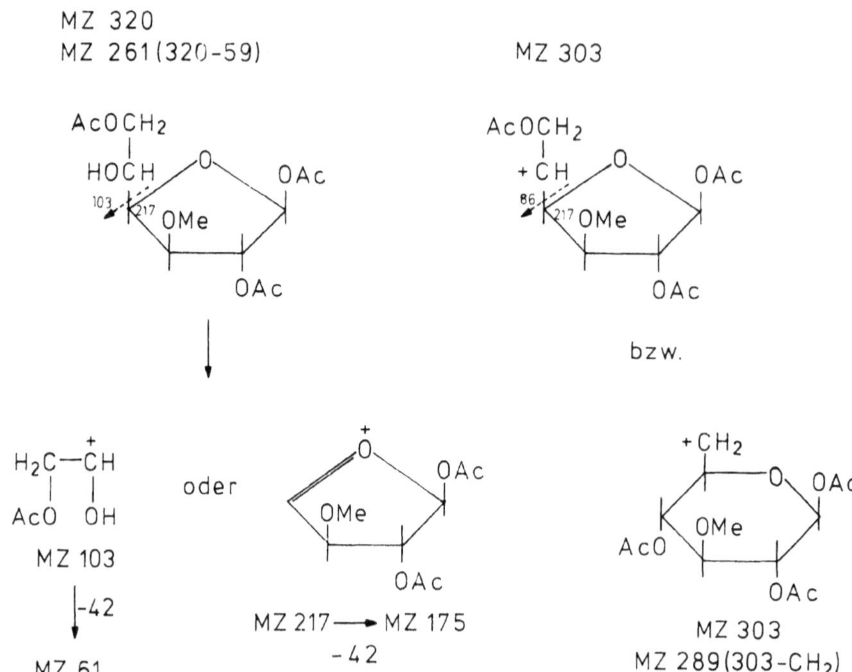

Abb. 15: Fragmentierungsschema des 3´-O-Methyl-di-α-D-glucose-3.6´-anhydrid-heptaacetat

Forschungsberichte
des Landes Nordrhein-Westfalen

Herausgegeben im Auftrage des Ministerpräsidenten Heinz Kühn
vom Minister für Wissenschaft und Forschung Johannes Rau

Sachgruppenverzeichnis

Gaswirtschaft
Gas economy
Gaz
Gas
Газовое хозяйство

Holzbearbeitung
Wood working
Travail du bois
Trabajo de la madera
Деревообработка

Hüttenwesen · Werkstoffkunde
Metallurgy · Materials research
Métallurgie · Matériaux
Metalurgia · Materiales
Металлургия и материаловедение

Kunststoffe
Plastics
Plastiques
Plásticos
Пластмассы

Luftfahrt · Flugwissenschaft
Aeronautics · Aviation
Aéronautique · Aviation
Aeronáutica · Aviación
Авиация

Luftreinhaltung
Air-cleaning
Purification de l'air
Purificación del aire
Очищение воздуха

Maschinenbau
Machinery
Construction mécanique
Construcción de máquinas
Машиностроительство

Mathematik
Mathematics
Mathématiques
Matemáticas
Математика

Medizin · Pharmakologie
Medicine · Pharmacology
Médecine · Pharmacologie
Medicina · Farmacología
Медицина и фармакология

NE-Metalle
Non-ferrous metal
Metal non ferreux
Metal no ferroso
Цветные металлы

Physik
Physics
Physique
Física
Физика

Rationalisierung
Rationalizing
Rationalisation
Racionalización
Рационализация

Schall · Ultraschall
Sound · Ultrasonics
Son · Ultra-son
Sonido · Ultrasónico
Звук и ультразвук

Schiffahrt
Navigation
Navigation
Navegación
Судоходство

Textilforschung
Textile research
Textiles
Textil
Вопросы текстильной промышленности

Turbinen
Turbines
Turbines
Turbinas
Турбины

Verkehr
Traffic
Trafic
Tráfico
Транспорт

Wirtschaftswissenschaften
Political economy
Economie politique
Ciencias económicas
Экономические науки

Einzelverzeichnis der Sachgruppen bitte anfordern

Westdeutscher Verlag GmbH
– Auslieferung Opladen –
567 Opladen, Postfach 1620

GPSR Compliance
The European Union's (EU) General Product Safety Regulation (GPSR) is a set
of rules that requires consumer products to be safe and our obligations to
ensure this.

If you have any concerns about our products, you can contact us on

ProductSafety@springernature.com

In case Publisher is established outside the EU, the EU authorized
representative is:

Springer Nature Customer Service Center GmbH
Europaplatz 3
69115 Heidelberg, Germany